在成長多元探究系列 語言

U0109009

hǔ　　　　tù
虎和兔

在成長 · 幾點創作中心　編

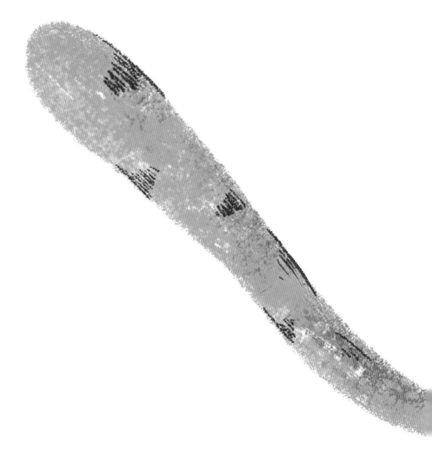

中華教育

山坡上住了一隻大老虎^{hǔ}，
山坡下住了一隻小白兔^{tù}。

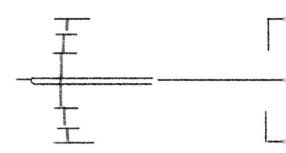

這一天，老虎拿着望遠鏡遠遠地 <ruby>觀察<rt>guān chá</rt></ruby> 着小白兔的行蹤。

chàng

小白兔高高興興地唱着歌走在路上。

但牠好像沒注意到，

遠處的山坡上 翹（qiào）起來一條尾巴。

就在小白兔聞花香的時候，一個<ruby>巨大<rt>jù dà</rt></ruby>的陰影籠罩了下來。

勇敢 的小白兔才沒有那麼容易被抓住呢！

9

老虎 ᶻʰᵘ追了上來，

小白兔則 ᶠᵃⁿ翻過了一個又一個的小山坡。

老虎在後面緊追不捨，這時，

yuè

小白兔突然加快速度，躍進了旁邊的樹叢裏。

哎哟！

小白兔輕鬆地鑽（zuān）過荊棘叢，

身後的老虎也立馬撲（pū）了上來。

但是老虎的身體太大過不去，屁股上扎（zhā）滿了刺。

好痛！

太痛了！

bá

老虎試着用爪子拔掉屁股上的刺。

16

剛拔掉一顆，就痛（tòng）得牠原地直轉圈。

可惡的小白兔，我一定要抓到你！

<ruby>氣急<rt>qì jí</rt></ruby>了的老虎忍着痛追了上來。
牠每走一步，屁股就痛一下。

可是剛追到<ruby>獨<rt>dú</rt></ruby><ruby>木<rt>mù</rt></ruby><ruby>橋<rt>qiáo</rt></ruby>上，小兔子卻突然一個轉彎鑽進了獨木橋。老虎預感不妙！

小白兔鑽進獨木橋可不是為了躲避， zhuàn

牠在裏面翻滾、蹬腿、轉圈，讓獨木橋**轉**了起來。

撲通！

老虎失去了平衡，**立刻** 掉進了河裏。

我一定、一定不會放過你的……

濕漉漉的老虎用盡力氣從河裏爬到岸邊。

小白兔哈哈大笑，蹦蹦跳跳地向山洞跑去。

哈哈哈哈，這下看你往哪跑！

老虎追上來 <ruby>堵<rt>dǔ</rt></ruby> 住了山洞口，

牠迫不及待地張開大嘴巴，準備 <ruby>吃<rt>chī</rt></ruby> 掉小白兔。

我才不跑呢，我還有禮物要送給你！

沒過一會，便聽見連綿不斷的<ruby>慘叫<rt>cǎn jiào</rt></ruby>聲。

原來，小白兔用大石頭<ruby>砸<rt>zá</rt></ruby>向了老虎的嘴巴，

把牠的牙齒都<ruby>打<rt>dǎ</rt></ruby><ruby>掉<rt>diào</rt></ruby>了。

老虎的屁股上帶着刺，身上沾着水，嘴裏還缺了牙，

牠只能灰溜溜地 <ruby>離開<rt>lí kāi</rt></ruby> 了。

這次，老虎徹底被小白兔 **打敗** 了。

為甚麼小白兔這麼厲害呢？

因為這一切都是牠計劃好的啊！

jì huà

虎和兔

繞口令

① Pō shang yǒu zhī dà lǎo hǔ
坡上有隻大老虎，
pō xià yǒu zhī xiǎo bái tù
坡下有隻小白兔。

② Lǎo hǔ è dù d
老虎餓肚脈

⑤ Qì huài le
氣壞了

④ Tù zuān shù
兔鑽樹，
hǔ pū tù
虎撲兔，
cìr zhā tòng hǔ pì gǔ
刺兒扎痛虎屁股。

chī xiǎo bái tù
吃小白兔。

Hǔ zhuī tù tù duǒ hǔ lǎo hǔ mǎn pō zhuī bái tù
❸ 虎追兔，兔躲虎，老虎满坡追白兔。

uài le tù
裹了兔。

È hǔ dù lǐ gū gū gū dòng lǐ xiào huài le xiǎo bái tù
❻ 饿虎肚裹咕咕咕，洞裹笑坏了小白兔。

咕咕咕